DAS FAHRRAD

Bernhard Flieher

Das Fahrrad

Mit Illustrationen von
Hanna Zeckau

DINGE DES LEBENS

Für meinen Bruder

Fahrradgeschichte(n)

In der Lokalzeitung wurde in der Ausgabe nach Mariä Himmelfahrt über mich berichtet. Ich sei, stand da, schwer verunglückt. Mit meinem Fahrrad. Über das schrieb die Zeitung aber nichts. In einer Rechtskurve sei ich bei einer Abfahrt von der Straße abgekommen. Ich hätte bei dem Sturz Glück im Unglück gehabt, stand da.

Das Glück war, dass ich auf einem mit Moos und Gras bewachsenen Hügel gelandet war, wäre ich ein Stück weiter links oder rechts gestürzt, wäre ich in Bäume oder auf einen Felsen gekracht.

Alles hin

Das Unglück waren meine Verletzungen. Ich sah mich aber auch in den Club der gebrochenen Schlüsselbeine aufgenommen. Kaum einer der Radprofis, die ich seit Jahren bei Rennen im Fernsehen beobachtet hatte, war verschont geblieben. Es gibt Profis, die mit gebrochenem Schlüsselbein sogar Etappen großer Rundfahrten gewonnen haben. Da sind die richtig guten Schmerzmittel im Spiel, sie werden in Medizinkästen gelagert wie Ersatzteile in einer Werkstatt. Das Schlüsselbein im Körper eines Radfahrers gleicht einer Speiche an den Reifen. Wenn eine Speiche bricht, gerät das System in Unwucht. Der Reifen windet sich, als hätte er Schmerzen, das Rad fängt an, wie ein leicht Besoffener zu schlingern.

Im Unglücksfall trifft es immer die schwächsten Glieder zuerst: Wer vom Rad fällt, fällt oft zur Seite, manchmal auch mit Absicht. Zum Schutz vor einem Aufprall mit dem Kopf dreht sich der Körper instinktiv zur Seite – wenn denn so viel Zeit bleibt zwischen dem Abflug und dem Aufprall.

So viel Zeit hatte ich gerade noch. Ich ahnte rasch, aber nicht rechtzeitig, dass es vorbei war. Später erinnerte ich mich, dass all meine Bremsmanöver vergeblich gewesen waren. Der schotterige Grasstreifen zwischen Asphaltende und Abhangsanfang, von dem ich gehofft hatte, er würde mich auffangen, erwies sich als Rutschbahn und auch als zu schmal. Das Rad verfing sich in einer Mulde. Ich flog weiter. Wie ich aus dem Graben kam, weiß ich nicht mehr. Ich erinnere mich nur, dass mein Kopf gleich wie wild zu rechnen begann: 120 Kilometer bin ich schon gefahren und rund zehn Meter geflogen. 30 Kilometer wären es noch bis nach Hause. Eine gute Stunde, wenn ich so flott wäre wie bis jetzt. Nun aber war die Zeit angehalten. Ich ahnte, dass die Heimkehr länger dauern würde, dass ich es wohl langsam angehen würde müssen. Ein Hubschrauber wird kommen, wenn vorher jemand auf der Straße stehenbleibt, dem das halb auf der Fahrbahn liegende Rad auffällt, denke ich noch.

Dann dämmere ich weg.

»Ich bin nicht ganz da, wo bin ich?«, frage ich den Mann, der plötzlich neben mir steht und mir meine Trinkflasche hinhält. Sie ist leer. Ich fühle mich auch leer. Keine Luft mehr. Alles war leer, die ganze Straße vor mir war leer. Keine Gefahr in den engen Kurven, hatte ich ein paar Minuten zuvor gedacht. Jetzt sage ich: »Ich kann mich nicht rühren und habe mir wehgetan.« Ich kriege kaum Luft. Die gebrochenen Rippen drücken auf den Brustkorb, die rechte Hand schwillt an. Schmerzen aus dem kaputten Schlüsselbein pochen ins Genick. Wie Wellen wechseln sich Gedanken und Schmerz ab. Es sticht im Oberarm. Es gelingt mir nicht, den Arm so weit zu strecken, dass ich zum Smartphone in der Trikottasche am Rücken greifen kann. Die Fahrrad-Tracking-App stoppt bei jeder Fahrtunterbrechung ja von alleine. Die Playlist aber läuft weiter. Depeche Mode hämmern »Just Can't Get Enough« in meinen unteren Rücken. Ein seltsames Pulsieren, das sich nicht stoppen lässt: Ich krieg das Handy nicht zu fassen, ich muss warten, denke ich, und weiter, ermattet: Womöglich ist es genug, womöglich ist die Zeit gekommen, um es genug sein zu lassen, mit Anfang 50 heftig lädiert am Straßenrand mitten im Wald.

Eine geniale Erfindung

Forstmeister Karl Freiherr von Drais war 20 Jahre jünger, als er sich am 12. Juni 1817 auf sein Gefährt schwang. Er war auch Erfinder und klug genug, seine Laufrad-Maschine, das erste Fahrgerät mit bloß zwei hintereinander montierten Rädern, ohne Pedale, aber mit Lenkung, auf einer flachen Strecke zu bewegen – von seinem Wohnhaus in Mannheim zur Schwetzinger Pferdewechselstation. Sieben Kilometer nur. Er fuhr im Durchschnitt 15 km/h. Eine Postkutsche schaffte drei Kilometer in der Stunde. Die Fahrt des Freiherrn im Südwesten Deutschlands war der Beginn, der Start, der Grand Départ des Fahrrades. »Eine der glücklichsten Erfindungen der Menschheit«, wird später der deutsche Radhistoriker Hans-Erhard Lessing schreiben. 15 Jahre, bevor Lessing das schrieb, sang die Band Red Hot Chili Peppers: »How could I forget to mention, the bicycle was a good invention.«

Jetzt liegt Grace, so lautet der Name meines Fahrrads, unglücklicher Nachfahr dieser glücklichsten Erfindung, armselig auf dem Schotter am Rand der leeren Bergstraße. Kein glanzvolles Arrivée, kein innerer Jubel wegen des Überwindens der eigenen Limits, bloß ein Grau aus trüben Gedankengängen. Nur das Gelb des Rettungshubschraubers wird glänzen wie das Maillot Jaune, das gelbe Trikot des Führenden der Tour de France. Gelb! Die heilige Farbe der Radfahrer. Wird das Rennrad denn in den Hubschrauber passen? Wird Grace denn mit nach Hause fliegen können?

Luft! Wie kriege ich Luft? Der erste Gedanke nach der kurzen Bewusstlosigkeit wiederholt sich wie die Runden bei einem Radkriterium in einer Innenstadt. Noch weiß ich nicht, dass fehlende Luft meinen Abflug ausgelöst hat. Ein Patschen. Das stellt sich erst später heraus. Die Luft war draußen aus dem Reifen, die Lenkfähigkeit dahin. Kein Fahrfehler, keine Unachtsamkeit, kein Aussetzer, keine Überschätzung hat meinen Sturz ausgelöst, sondern ein einfacher Defekt an der Maschine zur falschen Zeit. Der Vorderreifen war geplatzt. Die Ursache bleibt ungewiss. Ein Stein vielleicht? Eine Furche im Asphalt? Ein spitzer kleiner Ast? Das Unerklärliche gehört hier zum Unglücklichen im Glück. Ich habe meine Maschine verloren und so mein Paradies.

Gedanken-Kurven

Wenn von Fahrrädern die Rede ist, wird oft geschwärmt von der Schönheit des Einfachen, von der Macht des Individuums, das, angetrieben bloß von der eigenen Kraft, weite Entfernungen zurücklegen kann. In der Geschichte der Technik bildet das Rad den Höhepunkt einer Symbiose zwischen dem natürlich Gewachsenen und dem Erfundenen. Schönheit durch Effizienz. Eine Technik, die Menschen voranbringt, dabei aber keine fremden Ressourcen vergeudet. Eine letzte Erfindung der Technik, die im Einklang mit Mensch und Natur steht. Das Fahrrad ist das Paradies, aus dem der Mensch durch die Motorisierung und später die Digitalisierung der Maschinenwelt vertrieben wurde.

Das alles wissen wir heute, da uns die kognitive Leistung des Freiherrn von Drais so einleuchtend erscheint. Aber welch ein Gedankensprung von der jahrtausendealten Stabilität zweier nebeneinander montierter Räder in ein neumodisches Wackelsystem, in dem die Räder hintereinander stehen. Jetzt, viele Rad-Booms später, da es für jeden Untergrund und jede Ausfahrt ein spezielles Rad gibt, scheint es unglaublich, dass diese simple Form niemandem früher eingefallen ist. Nachher sind alle gescheiter. Nachher wollten alle ganz genau gewusst haben, dass ich zu spät gebremst hätte, bevor ich nach der kurzen Bewusstlosigkeit leise in mich hinein fragte: Was ist mit dem Rad?

Diese Frage hört sich mit Rippenbrüchen, Bänderrissen und kaputtem Schlüsselbein so verzweifelt an, als fragte einer, wohin die Liebste verschwunden sei, wenn er in die leere Wohnung heimkommt. Das Seltsame beim Nachdenken über das Fahrrad ist die Ruhelosigkeit, die einen befällt. Sie lässt auch im Schmerz am Straßenrand nicht nach. Das Hirn tritt an zum Ausreißversuch. Im Gegensatz zu einer Ausfahrt, bei der es eine Richtung gibt, ziehen die Gedanken im Hirn immer engere Schleifen. Das Denken passiert in Serpentinen, in Kehren, in einer »Tornante« nach der anderen, wie das schöne italienische Wort für Haarnadelkurve lautet. Das sind jene Kurven, in denen bergab jeder in die Bremsen greifen muss. Es sind aber auch jene Windungen, die harte Anstiege erträglich machen. Das Unmögliche wird in diesen Kurven denkbar und machbar. Haarnadelkurven schmiegen sich in alpine Almlandschaften und sehen aus der Vogelperspektive aus wie Hirnwindungen. Weil die Kehren oft nummeriert sind, zählt man sich Kurve für Kurve den Berg hinauf.

Auf dem Fahrrad schalte ich so wenig wie möglich. Da suche ich den einen Gang für den idealen Rhythmus, der Atmung und Bewegung in die Gleichmäßigkeit bringt. Das versuche ich im Geist auch jetzt: Sammle dich, brems dich ein. Nur atmen, ermahne ich mich. Langsam atmen. Nächste Etappe: mit dem Hubschrauber. Nächstes Etappenziel: Menschenwerkstatt, sprich Operationsaal.

Bremsen bleibt immer die letzte Lösung. Es geht um eine fließende, schöne Linie, eine Symbiose aus Körper und Gerät. Auf der Geraden die Spur halten, in den Kurven durchziehen. Maurizio Fondriest, Rad-Weltmeister von 1988, stellt bei Live-Übertragungen von Radrennen als Kommentator eine Verbindung zur Kunst her. Über Fahrer in der Abfahrt sagt er: »Er zeichnet die Kurve schön.«

Die Engländer bremsten als erste nicht. So waren sie die ersten, die verstanden, wofür das Rad gebaut wird: zum Losfahren, nicht zum Bremsen. Dass die Engländer nicht bremsten, war allerdings ein Zufall, ein Missverständnis: Der Londoner Wagenbauer Denis Johnson baute 1818 seine ersten Laufräder nach der Vorlage von Kupferstichen, die es vom Drais'schen Laufrad gab. Darauf war die Schleifbremse nicht zu erkennen, die Drais eingebaut hatte. Auf den Bildern verdeckte ein Bein die Bremse. Frühe Vertreter des Dandyismus entdeckten die bremsenlosen Flitzer bald als ideales Spielzeug, in eleganter Mode kurvten sie auf holpernden Straßen durch London. Rad und Mode vereinten sich. Dieser erste Zweirad-Boom fand auch medial Nachhall. Die Dandys und ihr Spielzeug wurden um 1820 Thema für Karikaturisten. Zeichnungen wurden damals als Einzelblätter auf den Straßen verteilt, als Kommentar zum Tagesgeschehen. Die kritische Auseinandersetzung mit Politik und Gesellschaft schloss erstmals auch das Fahrrad ein – und die Verrücktheiten, zu denen es seine Besitzer verleitete.

Bubenträume

Die Lust am Tollkühnen lässt sich schon bei Kindern erkennen. Sie sitzen auf dem Rad, bis es finster wird, bis jemand schreit, dass nun ein Ende sein muss, dass morgen Schule ist oder etwas anderes, das sie vom Rad fernhalten wird. Der erste Leitsatz für ein stützradloses Dasein ist einfach. Die Band Queen hat ihn formuliert, »Bicycle Race« hieß ihre Single, die im Oktober 1978 erschien. »I want to ride my bicycle«, singen sie. Schon in der ersten Strophe wird die Beziehung zwischen Gerät und Besitzer mit der Idee der Freiheit kombiniert: »I want to ride it where I like.« Immer. Überall. Zu dem Song erschien ein Video. Manche Sender waren pikiert, sendeten den Film nicht und nahmen vorweg, was aus heutiger Sicht den Zensoren der neuen Prüderie auf jeden Fall zum Opfer fiele oder zumindest einen vernichtenden Shitstorm auslöste: Queen ließen 65 Frauen – alle nackt, bloß Schuhe, Socken und Hüte trugen sie – Runden drehen. Die 1970er waren eine sexy Zeit, um das Radfahren zu lernen und ins Leben zu flitzen, ohne an das Bremsen denken zu müssen.

Kinder bremsen naturgemäß erst dann, wenn es nicht mehr anders geht. Oft sind es die Väter, die dieses Rasen leichter machen. John Boyd Dunlop war so einer. Sein Sohn hieß Johnnie. Er besaß ein Dreirad. Die Straßen auf den Britischen Inseln waren schlecht. Es holperte. Dunlop war Tierarzt und Bastler und angeblich ärgerte ihn das Gerumpel der Holzräder. Er klebte 1887 zum ersten Mal Gummiteile zu einer Art Schlauch zusammen, den man aufpumpen konnte. Dazu entwickelte er auch ein eigenes, heute noch gebräuchliches Ventil, das seinen Namen trägt. Im Jänner 1888 fuhr der kleine Dunlop-Johnnie jedenfalls leiser und auch bequemer auf den Luftgummireifen als zuvor auf den alten Holzreifen.

An meine ersten Meter mit dem Fahrrad erinnere ich mich öfter als an meinen ersten Kuss. Die Einmaligkeit des Kusses bleibt eingeschweißt als romantisches Bild, unverändert und ergänzt durch die Wiederholungen. Die erste Fahrt, bei der man auf dem Rad kontrolliert und freihändig nach der Welt greift, erstarrt nicht als Erinnerung. Das Gefühl der Leichtigkeit, diese Einheit mit der Maschine, wiederholt sich stets als Premiere.

Blau war mein erstes Fahrrad, erinnere ich mich. Dieses Rad war für mich die ganze Welt, auch wenn es nur dastand, vor der Garage in der Vorstadtsiedlung. Doch schon die Vorstellung, was mit ihm alles möglich sein würde, war überwältigend. Nachdem ich die Balancierangst überwunden hatte, fuhr ich in der Vorstadt die großen Rennen der Radgeschichte nach. Im Fernsehen lief die Tour de France. Das war 1978, das Jahr, in dem Queen ihre nackten Frauen radeln ließen und in der Werbung zum ersten Mal, in einer Seifenwerbung, eine nackte Frau zu sehen war. Warum sie in den Pool tauchte, obwohl da keine Seife zu finden war, gehört zu den Rätseln einer Kindheit in den späten 1970er-Jahren. Mein Bruder und ich waren noch keine Teenager, interessierten uns also nicht für nackte Frauen in Pools. Wir schauten Rennen. Es war das Jahr, in dem der Niederländer Hendrik Gerardus Joseph Zoetemelk, genannt Joop, zum vierten Mal Zweiter bei der Tour de France wurde. Das Zweiter-Werden hatte nicht den Geschmack der Niederlage. Das Rad lehrt einen früh, dass der Sieg nichts bedeutet, die Bewegung aber alles.

Als mein Bruder und ich begannen, durch die Vorstadt zu rasen, fuhren die Niederländer bei den großen Rennen in den Bergen allen davon. Im Fahrradkeller meines Bruders steht mittlerweile eines der Räder, die damals das Feld anführten. Glänzend roter Stahl, mit gelber Schrift auf schwarzem Grund. Ein Raleigh, erstanden auf Ebay.

Die Raleigh Bicycle Company hatte Frank Bowden 1887 in Nottingham gegründet. Unser niederländisches Dream-Team aus Bubentagen hieß TI-Raleigh. Das TI stand für »Tube Investments«, eine Firma, unter deren Dach der Radhersteller Raleigh arbeitete. Von wirtschaftlichen Zusammenhängen und von der Radindustrie hatten wir keine Ahnung. Uns gefiel einfach das Rad. Es war das schönste Rad, weil es von den Verwegenen in den schönsten Trikots gefahren wurde. Eines der Trikots, in denen Joop Zoetemelk 1980 dann endlich auch einmal die Tour gewinnen konnte, hängt als Replikat neben dem Rad im Keller.

Auf nach überall

Das Rad bringt mich an andere Orte. Ich führe Listen über diese Orte. Zu Beginn waren es Zettel, auf die ich manchmal nur flüchtig etwas kritzelte, dann wieder notierte ich über Wochen alles ganz akribisch. Namen entlegener Dörfer, die ich ohne Rad nie gesehen hätte, wurden wegen des Rades bedeutend. Wetterbedingungen, Entfernungen und bisweilen auch Geräusche stehen in den Listen über meine Ausfahrten. Jetzt sind es keine Zettel oder Notizbücher mehr. Jetzt übernehmen Apps diese Arbeit.

»Well, we know where we're goin', but we don't know where we've been«, klingt es aus meiner Trikottasche. Ein Song der Talking Heads, »Road to Nowhere«. Ich liege immer noch am Straßenrand. David Byrne, der Sänger der Talking Heads, ist der berühmteste Radfahrer der Popwelt. Er hat sein Rad seit 40 Jahren auch auf den Welttourneen mit seiner Band dabei. Er hat ein Buch geschrieben, »Bicycle Diaries«, darin tragen die Kapitel die Namen von Städten. Das ergibt eine weltumspannende Liste von Erzählungen.

Als ich den Song jetzt höre, fällt mir ein: Irgendwann war ich dann einmal um die Welt. Als ich eines Tages die gefahrenen Strecken in meinen Listen zusammenzählte, ergab sich die Zahl 46.132 Kilometer. Das war ärgerlich. Eine der magischen Zahlen der Vielfahrer ist 40.075 Kilometer, der Erdumfang am Äquator. Der Umrundungspunkt war verpasst. Irgendwo zwischen dem Alpenvorland und einer Fahrt auf einen Berg der Umgebung musste sich die Runde um die Welt unbemerkt geschlossen haben.

Der Erste, der um die ganze Welt gefahren ist, stammte aus England. Thomas Stevens fuhr ein Hochrad. Er radelte zwischen 1884 und 1886 um die Welt, den Anfang machte er an der Westküste der USA. In den ersten 103 Tagen bis Boston legte er 5953 Kilometer zurück. Am Ende waren es 22.000 Kilometer.

Bei seiner Rekordfahrt im Rahmen des Race Across America, dem berühmtesten Langstreckenrennen der Gegenwart, brauchte der Österreicher Christoph Strasser für eine Strecke von 4860 Kilometer bloß sieben Tage, 15 Stunden und 56 Minuten. Er nutzte dafür verschiedene Rennräder und die Unterstützung von Sponsoren. Für diese Deals machen moderne Weitradler das Rad zum Dienstfahrzeug, rücken ihr Material stets vor Sehnsuchtslandschaften ins richtige Licht und machen ihre Fahrten zu Werbeeinschaltungen. Die Bilder und Videos versehen sie mit Links und Hashtags zu den Produkt-Produzenten.

Einen solchen Unterstützer hatte auch Thomas Stevens. Er schrieb Artikel über die Erlebnisse auf seiner Tour durch die USA, und diese Geschichten waren dem Fahrradproduzenten Albert Pope aufgefallen. In den USA war Pope so etwas wie der erste Fahrrad-Papst. Er importierte nicht nur europäische Räder, sondern gründete auch einen Bicycle Trust, der alle wichtigen Patente für die USA bündelte. Das brachte ihm für jedes damals in den USA hergestellte Rad eine Lizenzgebühr von zehn Dollar. Doch er ließ auch selbst bauen. 140 Jahre später bescherte ihm das einen Auftritt im Comic-Genre. Im Band »Lucky Luke sattelt um« aus dem Jahr 2019 ist der Cowboy gezwungen, aufs Rad umzusteigen. Vor einem Werbeplakat der Pope-Manufacturing-Company wird ihm »der letzte Schrei aus dem Osten« angepriesen, ein Columbia, wie Pope seine Marke genannt hatte. Die Zukunft gehöre dem Fahrrad, sagte auch ein anderer Westernheld einmal, und zwar Paul Newman in dem Film »Butch Cassidy and the Sundance Kid«. Da chauffiert er zu den Klängen von »Raindrops Keep Fallin' on My Head« seine Geliebte auf dem Lenker eines Fahrrads.

Albert Pope, selbst begeisterter Radfahrer, roch die Zukunft. Er wusste, dass Stars als Role Models die Gewinnaussichten verbessern. Mitte der 1890er-Jahre, auf dem Höhepunkt eines Fahrrad-Booms in den USA und in vielen Staaten Europas, stellte Pope rund eine Million Fahrräder her. Zuvor aber hatte er den »Rest« der Reise von Thomas Stevens finanziert. Weil man mit dem Rad nicht über Wasser radeln kann, nahm Stevens ein Schiff über den Atlantik nach Liverpool, von wo er – unterbrochen von Passagen auf dem Schiff und im Zug – den größten Teil der Strecke bis Yokohama radelte.

Die Geschichte des modernen Fahrrads als Massenbewegungsmittel beginnt, während Stevens unterwegs ist. Sie findet ohne sein Hochrad statt. Der Brite John Kemp Starley lässt 1885 ein Vehikel patentieren, das zwei gleich große Reifen und einen Kettenantrieb am Hinterrad hat, das Niederrad oder »Rover Safety Bicycle«. Das bringt den kommerziellen Durchbruch. An der grundlegenden Geometrie hat sich seitdem nichts geändert. Entscheidend für den Erfolg war damals schon die Geschwindigkeit. Starley organisiert nach einem ersten Flop – sein Rad wurde von Kritikern als »Kriecher« abgetan – ein Rennen. Sein Niederrad ließ die Hochräder wie Vehikel aus einer anderen Zeit hinten nach fahren.

Auf einem Niederrad brach mit Anna Kopchovsky die erste Frau auf, um einmal um die Welt zu fahren. Als Annie Londonderry wurde sie bekannt, benannt nach einer Mineralwassermarke, für die sie Werbung machte. Einem Film über die Pionierin gab Regisseurin Gillian Williams den Titel »The New Woman«. In diesem Titel schwingt mit, dass das Fahrrad tatsächlich neue Menschen schuf.

Gegen die Enge

Korsette ließen sich auf dem Rad ganz wörtlich ablegen. »Das Fahrrad hat mehr zur Emanzipation der Frauen beigetragen als irgendetwas anderes auf der Welt«, sagte die US-Frauenrechtlerin Susan B. Anthony schon 1896. Rigide Kleidungsvorschriften begannen sich zu lockern, mehrschichtige Röcke wichen Hosen, und getrotzt wurde männlich-medizinischen Ansichten, wonach Radeln unfruchtbar mache. Die neue Beweglichkeit wirkte sich sogar auf die Stadtplanung aus: Man musste nicht mehr in der Nähe der

Industriebetriebe wohnen, weil man längere Anfahrtswege radeln konnte.

Auch in der Arbeiterschaft wurde das Radfahren politisch. Mit dem Rad konnten Flugblätter verteilt werden. In der neuen Massenkultur beförderten die Pedale die Revolution. Das liegt auch daran, dass die Fortbewegung dem Grundprinzip des Rades selbst entspricht. Im Stillstand fällt es um. Nur in der Dynamik, im Vorwärtsstreben, erfüllt es seinen Zweck.

Das Fahrrad ist ein Produkt der Gemeinsamkeit, ein Produkt der Internationalität, eine Triebfeder sozialer Revolution. An unterschiedlichen Orten wurden Komponenten erfunden und Feinheiten entwickelt. Pierre Michaux und sein Sohn Ernest Michaux, Kutschenbauer und dann Radfabrikanten, schraubten 1861 eine Kurbel mit Pedalen an das Vorderrad der Draisine. Das Veloziped war da. Durch die Erfindung der Gliederkette konnte auch das Hinterrad zum

Antrieb genutzt werden, den dann Henry John Lawson 1879 vorstellte. Die ersten Gangschaltungen, um 1895 entwickelt, veränderten den Kräfteverschleiß beim Antrieb.

Das Fahrrad ist aber auch fest eingeschrieben in nationale Mythen. Das hat mit seinen vielen Erfindern aus vielen unterschiedlichen Ländern zu tun, liegt aber auch in der Übertreibung, mit der sportliche Heldentaten als nationale Großtaten vereinnahmt werden. Die Maschine transportiert dann kollektive Euphorie ebenso, wie sie den Individualismus antreibt. Auf der Maschine ging es auch ins Verderben, weil das Fahrrad im Krieg zum Einsatz kam. Und es wurde Diener des Betrugs in Radrennen. Dennoch: Es bleibt ab dem ersten Tritt in die Pedale immer auch eine Maschine der Rettung, der Selbstermächtigung.

Im Jahr 1953 brach sich Gino Bartali, italienischer Radheld, ein Bein und musste seine Karriere beenden. Italien weinte wegen Bartali, später schrieben mehrere Liedermacher Songs über ihn. Der Schönste stammt von Paolo Conte, der eine Melodie schuf, die surrt wie eine neue Kette.

Ende der 1930er-Jahre hatte Bartali die Landstraßen dominiert. Er gewann die Tour de France und zweimal den Giro d'Italia. Rennen um Siege gab es im Zweiten Weltkrieg keine. Doch Bartali fuhr weiter. Trainingsfahrten und sein Heldentum nutzte er als Tarnung. Wer kontrolliert in Italien schon einen Campionissimo? Sein Fahrrad transportierte Widerstand. Er füllte das Sattelrohr seiner Rennmaschine mit Fotos und Dokumenten, brachte sie auf langen Fahrten von seinem Heimatdorf bei Florenz durch die Toskana, nach Umbrien und in die Marken. Oft auch nach Assisi. Dort wurden falsche Pässe hergestellt. Seine Etappen als Fahrradkurier im Dienst des Netzwerks um Erzbischof Elia

Angelo Dalla Costa und eine Widerstandsorganisation für jüdischen Emigration brachten rund 800 Juden die Freiheit. Bartali versteckte auch eine jüdische Familie im Keller seiner Wohnung. Er verlor darüber nicht viele Worte, einmal sagte er, dass manche Medaillen in die Seele gehören und nicht um den Hals. Nur weil Zeugen Bartalis Taten lobten, wurde bekannt, wie er das Rad zur Freiheitsmaschine werden ließ. 13 Jahre nach Bartalis Tod mit 86 Jahren wurde sein Name 2013 in der Holocaust-Gedenkstätte Yad Vashem verewigt.

Ein Jahr später bekamen in den Niederlanden die Schwestern Freddie und Truus Oversteegen aus Haarlem eine Auszeichnung. Sie waren noch Teenager, als sie nach der Besetzung ihrer Heimat durch Nazi-Deutschland mutig genug waren, sich ihre Fahrräder nicht wegnehmen zu lassen. Sie nutzten sie bei gefährlichen Einsätzen für die Widerstandsbewegung. Schätzungen gehen davon aus, dass die deutschen Besatzer in den Niederlanden im Lauf des Krieges rund vier Millionen Fahrräder beschlagnahmten. Am Ende des Krieges versuchten Soldaten der deutschen Wehrmacht den vorrückenden Alliierten zu entkommen, indem sie den Niederländern Räder stahlen, um heim in ein untergehendes Reich zu kommen. Diese Konfiszierungen und Diebstähle brannten sich ins öffentliche Bewusstsein ein, das Fahrrad bekam als Inbegriff der Souveränität auch auf den Tribünen der Fußballstadien seinen Platz. Bei Länderspielen gegen Deutschland skandierten niederländische Fans: »Gebt uns unsere Fahrräder zurück!«

Der Diebstahl

Ein paar tausend Kilometer von Italien entfernt bekamen im Jahr von Bartalis Abschied die Clay-Brüder Cassius und

Rudolph zu Weihnachten ein Fahrrad geschenkt. Wohlgemerkt: ein Rad. Gemeinsam. Ein altes, gebrauchtes. Die Familie Clay war in Louisville, Kentucky, daheim, und sie war arm. Der um eineinhalb Jahre Jüngere, Rudolph, der sich später Rahaman Ali nennen wird, erinnert sich in seiner 2021 erschienenen Autobiografie daran, dass mit diesem Rad vor allem der große Bruder Cassius fuhr. So etwas ist ein Naturgesetz, da kann noch so viel von Gerechtigkeit geredet werden. Gegen den großen Bruder um ein Rad zu boxen, ist sinnlos. Das war es auch bei den Clays. Im Oktober 1954 entschärften die Eltern trotz ihrer Armut die Lage, der kleine Bruder bekam sein eigenes Rad. Doch die Freude währte kurz, die Räder wurden auf einem belebten Markt in Louisville gestohlen. Angeblich war es die erste gemeinsame Ausfahrt der Brüder auf zwei Rädern, also jeder auf seinem. Die Buben wollten nach dem Diebstahl zur Polizei, sie wurden ums Eck zu Joe Martin geschickt. Martin war nicht nur Polizist. Er war auch Boxtrainer. Die Geschichte von Muhammad Ali, dem Größten, dem freien Herrn der Ringe, bekam ihren ersten Schwung. Die Geschichte von diesem Fahrrad-Diebstahl wurde so oft erzählt, dass man an ihrem Wahrheitsgehalt nicht mehr zweifeln mag. Und sollte sie nur eine Legende sein, ist sie einfach gut erfunden.

Gut sieben Millionen Fahrräder gibt es in Österreich, rund 506.000 Fahrräder wurden im Jahr 2022 in Österreich verkauft – und 16.824 Fahrräder wurden im gleichen Jahr als gestohlen gemeldet. Es geschieht am helllichten Tag. Mitten in der Stadt. Wie bei den Clay-Buben. Viele auf diese Art Bestohlene gehen zur Polizei. Dort müssen sie erfahren, dass man recht wenig tun könne. Die Aufklärungsquote liegt bei neun Prozent. Es werden dauernd Räder gestohlen, heißt es dann. Räder verschwinden, heißt es dann. Von keinem Bestohlenen ist bekannt, dass er Boxer wurde. Obwohl sich in mancher Hosentasche ob des Diebstahls sicher die Faust ballte. Alle wären einfach nur gern mit ihren Rädern wieder heimgefahren. Oder irgendwohin.

Die Räder der Clays passen in die Statistik der österreichischen Polizei. Sie tauchten nie mehr auf, im Gegensatz zu einigen Fahrrädern von Gino Bartali. Bartali-Räder werden wie Reliquien in einem Neubau neben der Kirche Madonna del Ghisallo auf einem Berg über dem Comer See aufbewahrt, dem Wallfahrtsort der Rennradler.

Fahrradliebe

Wann bin ich zurück mit Grace?, frage ich mich, im Straßengraben vor mich hindämmernd. Sie liegt da, scheinbar unverletzt, aber luftlos. Ich hingegen bekomme langsam wieder Luft und denke an meine Fahrräder. Sie heißen Grace, Juliette, Marlowe, Madonna. Monogamie ist unter Radfahrern eine Seltenheit. Der Besitz eines Fahrrades weckt stets die Sehnsucht nach der nächsten »petite reine«, der nächsten »kleinen Königin«, wie die Franzosen das Rad nennen. Eine einfache Formel erklärt, wie viele Fahrräder man besitzen sollte. Aufgestellt haben diese Formel die Velominati, ein internationales Kollektiv begeisterter Radfahrer und Radsportliebhaber aus aller Welt, in ihrem »Kodex für Radsportbegeisterte«, der unter dem Titel »The Rules« erschienen ist. Darin präsentieren sie eine einfache Rechnung für die Anzahl Räder, die man braucht. Sie lautet N+1. Das N steht für die Räder, die schon zu Hause stehen. Es gibt also immer irgendwo ein Rad, das darauf wartet, gekauft, eingetauscht oder jemandem abgeschwatzt zu werden. Und dann will es geliebt werden.

Diese Liebe strahlt stets neu. Nicht nur das Frischglänzende in der neuesten High-Tech-Variante blendet. Radliebe wird nicht vom neuesten Schrei entfacht, den die Fahrradindustrie auf den Markt plärrt. Die Liebe begegnet einem nicht nur im Radgeschäft oder in einem Online-Versandangebot. Auch auf Flohmärkten, in Scheunen und alten Garagen kann man auf sie stoßen. Mit ein paar Putzfetzen, ein bisschen Schmiermittel, ein paar kleinen Reparaturen lässt sich schnell eine neue Beziehung aufbauen.

Nach Maß gebaut

Während Grace am Straßenrand liegt, taucht in verwirrender Verlorenheit aus dem Schmerz auch Ishmael auf. Nicht schon beim Kauf, sondern erst rückwirkend bekam dieses Rad, ein stählernes Motobecane aus den späten 1970er-Jahren, seinen Namen. Als hätte es nach dem Namen gerufen nach einem harten Anstieg am Ende einer ermüdenden Ausfahrt. Es hatte sich die Freude am Überleben, am Überstehen eingestellt … da tauchte die Erinnerung an den einzigen Überlebenden in Hermann Melvilles »Moby Dick« auf: Ishmael. Meine Räder haben ihre Namen von Schauspielerinnen, aus Filmserien, aus Lieblingsbüchern, von Popsongs. Die Namen hallen – gleich den Namen der großen Helden des Radsports – aus Traumräumen in die Gegenwart meines Leidens am Straßenrand.

Wenn es nicht um die Namen, sondern um die Marken der Räder geht, bleibt es beim neutralen Artikel »das«: das Raleigh, das Bianchi, das Pinarello, das Puch, das KTM. In den Schaufenstern der Radgeschäfte werden sie schön in Reih und Glied angeordnet wie gewöhnliche Ware. Sie werden feilgeboten wie Schuhe oder Winterjacken, zur täglichen Nutzung oder zum saisonalen Einsatz. Man kann sie lieben lernen. Nie aber wird man Zuneigung so empfinden wie zu einem selbst geschaffenen Objekt, zu Grace etwa. Nach Maß gebaut wurde sie. Jeder Millimeter für meinen eigenen Körper vermessen und daher nicht totes Material, sondern ein Körperteil, der sich einzigartig anfühlt: das Ich auf dem Einzelstück eines berühmten Rahmenbauers.

Dario Pegoretti war eine Legende dieser Kunst. Er starb 2018. Der Tod ändert nichts daran, dass auf ihn Verlass ist. Grace wird verwundet sein, denke ich mir, aber zerstört ist sie nicht. Über Räder aus der Hand Pegorettis wacht jener Geist, der über allem Seltenen und Schönen schwebt. Wenn ein Rahmen gebaut und bemalt war, notierte Pegoretti nahe dem Tretlager den Tag der Fertigstellung. Nicht mit Datumszahlen, sondern mit Namen. San Bernardo etwa, der Heilige, dessen Namenstag am Tag der Vollendung meiner Grace gefeiert wird. »Was denkst du?«, fragte Pegoretti, weil mir die Überraschung vom Gesicht abzulesen war.

»Irgendein Geist begleitet den Fahrer stets«, sagte Pegoretti lächelnd und streichelte sanft den Rahmen. Der Rahmen von Grace, geboren am Tag von San Bernardo, heißt »Rock«. Vor ein paar Minuten suchte er sich einen Weg knapp vorbei an Felsbrocken im Straßengraben. Als gäbe es eine Antwort auf die Frage nach der Zufälligkeit zwischen dem Namen eines Radrahmens und einem gebirgigen Unfallort.

Einmal versah Pegoretti einen Radrahmen, um den sich ein gemalter Stacheldraht windet, mit dem Namen »Guantánamo«. Ein Händler fand das Design zu hart. Zu gefährlich, als würde man einen Rahmen »Sarajevo«, »Mariupol«

oder »Gaza« nennen. Pegoretti schüttelte damals den Kopf. Wie sollte er die Idee verschwinden lassen? »Meine Arbeit verschmilzt mit allem, was die Welt ist«, sagte er. So wie Räder überall hinfahren, wo die Welt ist. »Am Ende der Arbeit bietet ein Rahmen die Oberfläche, auf der ich mich und meine Gedanken ausdrücken kann.« In erster Linie sei er aber Rahmenbauer. Für viele war er einer der Besten, weil er ein Genie des Schweißens war, weil er akribisch feilte, weil er auf den Millimeter genau wusste, welche Größenverhältnisse das beste Fahren ermöglichen. Danach erst kam die Bemalung, oft ein bloßes Kritzeln, ein freihändiges Zeichnen, das den Rahmen zum doppelten Unikat machte: technisch und optisch.

Pegorettis Handwerk ebenso wie seine Haltung sind wunderbar und selten. Einer Industrie der Gleichförmigkeit setzte er die Ideale der Freigeistigkeit entgegen. Pegorettis Grundhaltung zu Fragen von Existenz und Gesellschaft war ein Gesamtkunstwerk, das nichts entrückt Weltfremdes hatte. Er beschränkte sich beim Bau seiner Rahmen auf das, was dem Fahrrad als eine seiner wesentlichen Stärken angerechnet wird: Es bewegt seinen Benutzer, treibt ihn an, bringt ihn in die Welt hinaus. Profiteams ließen von ihm Räder schweißen und klebten dann die Logos ihrer Sponsoren auf die Rahmen.

Vergilbte Zettel mit Körpermaßen, Winkelgrößen oder Rohrlängen lagen in Pegorettis Werkstatt lose in Schachteln. Ein Archiv hatte er nicht. In Schubladen bewahrte er Handskizzen auf. Darauf standen Dutzende Namen von weltbekannten Radprofis, darunter von Siegern der Tour de France oder des Giro d'Italia: Eddy Merckx, Miguel Indurain, Pedro Delgado, Greg LeMond, aber auch der Name des verstor-

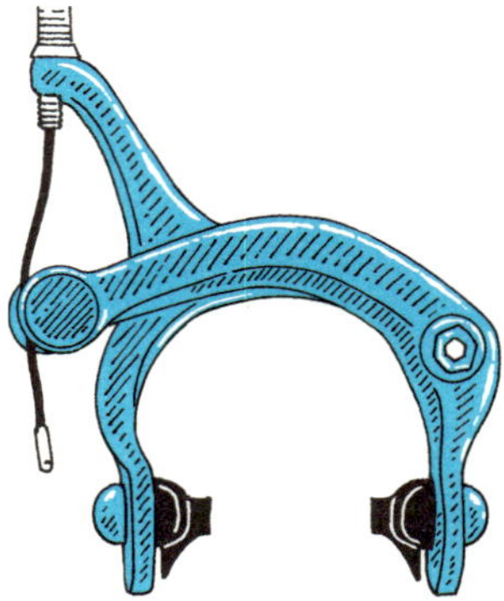

benen Schauspielers und Radsammlers Robin Williams. »Vergangenheit«, sagte Pegoretti trocken. Der Glanz der Berühmtheit spiele keine Rolle bei der Entwicklung eines idealen Rads, so wie die letzte Ausfahrt keine Rolle spielt, wenn man wieder aufbricht.

Wer sich einen Rahmen bauen lässt, wer dazu Schaltung, Bremsen, Lenker und Laufrad nach eigenem Gusto und Können sowie den Möglichkeiten seiner Geldtasche wählt, strebt nach Vollkommenheit. Wer zu einem Rahmenbauer geht, will nicht bloß ein Fahrrad. Er sucht nach einem wahren Begleiter fürs Leben. »Ich brauchte nur eine Banknote darzureichen, um das Fahrrad zu erhalten«, schrieb einst Jean-Paul Sartre über einen Radkauf. Seine Investition war einfach und wog doch schwer. Es brauche, so Sartre, ein »ganzes Leben, um den Besitz zu realisieren«.

Kalter Stahl und nackte Zahlen, die das Gerüst für den Rahmen bilden, werden lebendig, wenn sie verwundet sind, wenn man mit ihnen leidet. Ich ahne, dass mein Unfall an Grace Narben hinterlassen hat. Sie werden Erinnerungen werden.

Mit der Erfindung des Diamantrahmens in den späten 1880er-Jahren ist die Form gleich von Beginn an vollendet. Wenn der Rahmen genau angepasst wird, wenn alle Körperteile die ideale Position haben, sodass sie effizient, kontrolliert und auch in Anstrengung bequem arbeiten können, dann sind Schaltung, Bremsen, Lenker und Laufräder nur mehr verfeinernde Zugaben. Pegoretti baute Zehntausende Rahmen. Doch um die Menge ging es ihm nicht. »Es geht um das Gefühl für jedes Einzelne«, sagte er. Die Zeit, Dinge gedeihen zu lassen, sei der wichtigste Faktor. Aber Zeit ist knapp. »Jeder will alles sofort, so schnell wie möglich, weil sich mit Geld angeblich alles machen lässt«, sagte er, und machte es anders, folgte stur dem Motto: »Fatto a mano.« Handgemacht. Und zwar alles. Und mit Muße.

Rennräder waren ab dem Ende des 19. Jahrhunderts Massenware, Industrieprodukte, erzeugt zunächst aus Stahl, dann aus Aluminium, dann aus Karbon, gefertigt in Billiglohnländern, tausendfach gegossen in Schablonen, bereit für eine Kundschaft im Trend. Pegoretti widersetzte sich dem, weil er es konnte und wollte. Schablonen lehnte er ab. Ihn trieb radikaler Individualismus. So übersetzte er Eigenheiten und Eigenschaften der künftigen Nutzer in eine technische Konstruktion, die Individualismus auf der Straße erlaubte. Am Ende steht eine Einheit zwischen Gerät und Besitzer. Maschine und Mensch werden eins, weil sie füreinander gemacht wurden.

Balanceakt

Die Technik des Rades liegt offen da, sichtbar für alle. Zwei Reifen, ein Lenker, der Sattel, zwei Bremsen, eine Kette, Kettenblätter und Ritzelpaket, also ein paar Zahnräder vorne und hinten. Alles montiert auf einen Rahmen. Kein Geheimnis. Ein Geheimnis liegt eher in der Frage, warum es so lange gedauert hat, bis jemand auf die Idee dieses doch so anmutig-schlichten Fahrgeräts kam.

Die Vorzüge des Fahrrads sind grenzenlos. Die Balanz, wie mancherorts das genannt wird, was offiziell »Lenker« oder ganz deutsch »Lenkstange« heißt, blieb in dieser idealen Möglichkeit der Fortbewegung stets ein Diener der Liebe. Denn auf ihr – oder auf dem Oberrohr – lässt sich die Liebste im flatternden Kleid romantisch durch eine laue Nacht hinaus in den Park chauffieren. Wer es kann, bewältigt mit einem Fahrrad Stiegen und hüpft über Gehsteigkanten. Ein Fahrrad lässt sich überall gemütlich abstellen. Ein Fahrrad, wohlgeformt schmal, schnittig, lehnt man ganz einfach an die Wand, wenn beim schicken Wirt am Stadtrand der Parkplatz vollgestellt ist. Ein Fahrrad lässt sich verzieren und verschandeln. Ein Fahrrad lässt sich daheim an der Wand als Kunstwerk aufhängen. Fahrräder tauchen als Objekte in Kunstausstellungen auf. Picasso baute aus einem Radlenker und einem Sattel den berühmten »Tête de taureau« (auf Deutsch »Stierkopf«).

Immer seltener sind schöne, alte Räder auf Flohmärkten zu finden. Denn sie sind wieder auf den Straßen unterwegs, weil es so simpel ist, sie zu pflegen. Vieles an einem Fahrrad kann man selber reparieren – wenn es noch nicht nach den neuesten Trends mit Elektronik ausgestattet ist. Ein Fahrrad, fein herausgeputzt, findet auch im engsten Schlafzimmer Platz, um hin und wieder neben dem Bett schlafen zu dürfen. Mit einem Fahrrad lässt sich ein Wheelie machen, also auf dem Hinterrad fahren, oder Radball spielen, über Stock und Stein rumpeln und über Schotter und Asphalt rasen, über Kopfsteinpflaster holpern. Man kann es freihändig fahren. Man kann sich am morgendlichen Stau vorbeischlängeln. Mit einem Fahrrad lassen sich Schleichwege entdecken, auf denen man anderen locker den Weg abschneidet. Man tänzelt und pedaliert und rast und surft, gleitet oder flitzt,

glänzt und strahlt. Das alles mit eigener Muskelkraft. Auf dem Rad wird man zum Landstreicher, offen und anfällig für Begegnungen, für zufällige Gespräche an Kreuzungen, für Plaudereien auf Dorfplätzen, wenn man den Weg sucht. Es treibt einem vielleicht den Schweiß auf die Stirn, aber es macht immer frei. Bis man müde wird.

Pedaleure kurven das Gefährt in jede Richtung, die ihnen gefällt. Kurbelumdrehung für Kurbelumdrehung entkommt der Mensch dem Kollektiv und allen Konventionen. Das Fahrrad liefert uns aber auch aus, weil es keine Hülle um uns baut. Keinesfalls aber kapselt einen das Rad von der Umwelt ab. Im Gegenteil: Zur Sicherung des Überlebens zählt jede Sekunde, vollkommene Konzentration auf den Moment ist gefragt. In ihrer Schutzlosigkeit, weil sie den Mächten rundherum ausgeliefert sind, schärfen Radelnde alle Sinne

für die Vorgänge in der Welt. Nicht der Welt kehren sie in buckliger Position den Rücken zu, sondern den störenden Zwängen, mit denen auf dieser Welt Freiheiten beschnitten werden.

Aus der Luft um Rad und Radler wird dann eine Hülle, eine Haut, wenn man so will. Diese Haut setzt eine Grenze zur Außenwelt. Aber sie lässt diese Außenwelt nicht verschwinden, sondern rückt sie näher. So nahe sogar, dass man – obwohl in einer Art Kokon aus Luftzug und Luftwiderstand unterwegs – den umgebenden Raum intensiver fühlen kann, als wenn man das Rad wieder abgestellt hat. Nichts beengt in dieser Haut. Je nach Geschwindigkeit ändert sich die Beschaffenheit dieser Hülle. Sie wird dichter, je schneller es dahingeht in geschmeidiger Unaufhaltsamkeit. Rad und Radler werden zu einer beweglichen Insel. Die Luft wird Gegner und Verbündeter gleichermaßen. Der Einzelne, das Individuum, im Spiel mit den Elementen. Das weckt Erinnerungen an Heldentaten.

Heldenepen

Die Namen der heldenhaften Wesen auf Rädern sind, wenn von ihren Taten erzählt wird, wie in der antiken Mythologie verschmolzen mit ihren Stärken und Schwächen, mit ihrer Seele und ihren Tugenden. Die Melancholie von Raymond Poulidor, dessen Ferse des Achill es war, ewig Zweiter zu bleiben, und der von den Franzosen dennoch oder gerade deshalb so geliebt wurde. Der Absturz des Helden Lance Armstrong, der gleich Ikarus seinen Allmachtsfantasien zum Opfer fiel – sein Doping-Betrug blieb nicht ungesühnt. Die Gewalt von Zeus und die zerstörerische Überlegenheit von Eddy Merckx, den sie ob seines Siegeshungers Kannibale

nannten. Die Anmut von Helena und das taktische Geschick von Annemiek van Vleuten, der schnellen Niederländerin.

Freilich hat es, von der Couch vor dem Fernseher aus betrachtet, den Anschein, als passiere der Aufbruch in das Epos eines Rennens in absoluter Gleichförmigkeit – glatt, schier widerstandslos, im gegenseitigen Windschatten ziehen sie dem Ziel entgegen. Es sieht aus, erst recht in der Totale von oben mit der Hubschrauberkamera gefilmt, als passiere die Bewegung in jener präzisen Kälte, die der Lehrer in »Jugend ohne Gott« düster auf sich und die Welt zukommen sieht. Ödön von Horvath, erschlagen in heftigem Wind von einem herabfallenden Ast auf den Champs Élysées, der Pariser Prachtmeile des Radrennsports, Jahr für Jahr Ziellinie der Tour de France, lässt in seinem Text einen Lehrer vom Zeitalter der Fische reden. Alle folgen, erstarrt und seelenlos, bloß noch einer Idee, blindlings und jedes eigenen Gedankens beraubt. Bei einem Radrennen, oder wenn mehrere Befreundete nur zum Vergnügen flott gemeinsam ausfahren, nennt man die Masse, das Feld, das sich gemeinsam bewegt, das »Peloton«. Die Gruppe schlängelt sich dahin. Jeder minimalen Bewegung des Kopfes, jeder kleinen Andeutung eines Linienwechsels des Führenden wird gefolgt. Einer muss führen, sonst wird die Sache gefährlich, wenn man so schnell unterwegs sein will wie eine Gruppe richtiger Radfahrer. Einem Naturgesetz gleich vergrößert sich die Bewegung des Kopfes, je weiter es im Feld nach hinten geht. Wenn der Kopf vorne im Wind einen leichten Schlenker nach links macht, weil der Radfahrer einem Kanaldeckel ausweicht, folgen alle. Wenn der Kopf Verlangsamung signalisiert, bremsen sich alle ein. Tun sie es nicht, passieren Unglücke. Und je mehr Radfahrer diesem Kopf folgen, desto eindrucksvoller wird die Bewegung im Feld. Eine Masse. In gleicher Richtung. Im gleichen Bewegungsmuster, Tritt für Tritt. Präzise den gleichen Gesetzen und ungeschriebenen Regeln der Ehre und des Respekts folgend. Unheimlich. Und ein schreckliches Bild der Gleichförmigkeit, wenn man's auf die Politik übertragen will. Aber dieses Bild bleibt nur ganz kurz. Nur solange, bis – dem Hubschraubereinsatz für die TV-Übertragung sei Dank – man einen anderen Kopf in einem anderen Trikot aus der bunten Masse nach vorne kommen sieht, bis ein anderer – wieder bloß vorübergehend – das Kommando übernimmt. Bisweilen sieht das aus wie

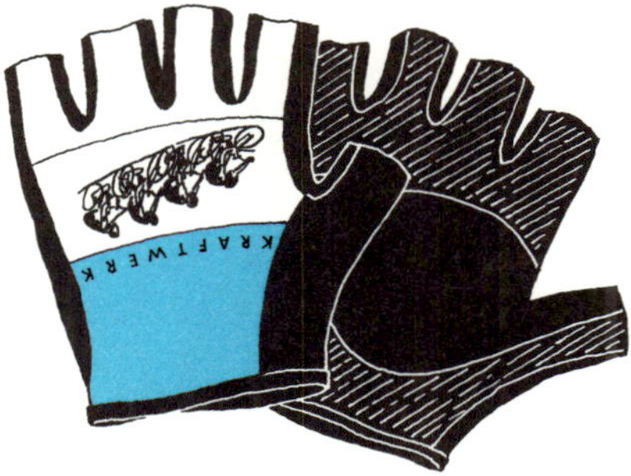

die Demonstration einer demokratischen Grundidee: viele möchten, alle dürfen, manche müssen, jeder könnte an die Spitze kommen.

Das System in einem Feld aus Radfahrenden folgt einer simplen Agenda: Viele sparen Kräfte, damit alle schnell vorankommen. Das Feld verhält sich nicht aus Feigheit wie eine Masse. Im Gegenteil: In der Gruppe schützt es seine Besten. Von einem gemeinsamen Gegner werden sie zu Gleichen unter Gleichen gemacht. Es ist ein unsichtbarer Gegner. Manchmal ist er die ganze Zeit da. Bisweilen taucht er überraschend auf. Immer sollte man auf ihn gefasst sein, weil er stets eine Bedrohung des gemeinsamen Gefüges darstellt. Das Feld tritt an und pedaliert – am Ende freilich auch um den Sieg – immer gegen eine unsichtbare Wand, gegen eine Wand aus Luft. Es geht immer gegen den Wind, und wenn der Wind abwesend schweigt, geht es gegen den Widerstand der Luft. Gegen die beiden hat man es immer schwer. Schwerer als auf jeden Berg, der Meter für Meter mit dem Schweiß auch den Zweifel bringt.

Den Berg hinauf spielt der Wind nur eine geringe Rolle. Den Berg hinauf spielt das Gewicht eine Rolle. Darüber machen sich ironischerweise jene am meisten Gedanken, die kein Gewicht mit sich schleppen. Diese Leichten rechnen. Sie rechnen nicht in Kilo. Sie rechnen in Gramm. Sie reden davon, wie die Räder leichter und leichter wurden. Sie studieren die Testberichte der einschlägigen Magazine, in denen verglichen wird, welche neue Schaltgruppe wieder um wie viel Gramm leichter wurde im Vergleich zu den Vorjahresmodellen. Sie schwärmen von einem neuen Lenker, der schmäler gebaut ist und doch nichts von seiner Stabilität verliert. Um jedes Gramm geht es. Kein Gramm Fett. Kein unnötiges Gramm Schmiermittel. Feinheiten entscheiden.

Oder ich frühstücke nichts, hatte ich gedacht, bevor ich aufgebrochen war. Den Berg hinauf muss ich ohnehin Ballast aufladen. Deshalb steckte ich zwei Energieriegel mehr ein als sonst. Zwei Bidons, wie die Radfahrer ihre Trinkflaschen nennen, füllte ich. Da geht es um Sicherheit. Um die Sicherheit, dass ich nicht »blau gehe«, dass also nicht alle Kraft aus den Muskeln weicht. Und zwar wirklich alle Kraft. Da hilft dann das luftigste Rad, die leichteste Schaltung nichts mehr. Auch das leichteste Rad braucht die mechanische Übertragung der Kraft aus dem Körper, damit es ins Rollen kommt. Unten, bevor es steil wurde, füllte ich die zweite Trinkflasche noch einmal auf. Bloß nichts riskieren. Denn wenn es einen Berg hinauf geht, geht es mit der Kraft leicht nach unten. Hinunter gab es dann aber nicht mehr.

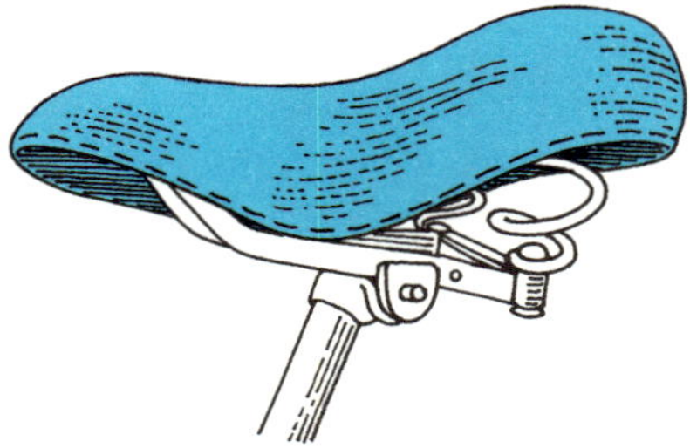

Fahrradphilosophie

Ich weiß, dass ich nichts mehr weiß. Ich weiß noch von der kurzen Abfahrt, weit kam ich ja nicht mehr nach der Passhöhe. Ich sehe noch vor mir, wie ich knapp an der Straßenbegrenzungslinie fuhr, nein anders: wie ich ohne Kontrolle zwischen der Straßenbegrenzungslinie und dem Beginn des Schotterstreifens dahinraste, wie ich ins Leere bremste. Wie schrieb Ray Bradbury im Roman »Fahrenheit 451«? »Wirble den Geist der Menschen herum! […] Dass das Teufelsrad alles überflüssige, zeitvergeudende Denken wegschleudert.« So fühle ich mich gerade. Und dennoch: Je länger das Warten auf Rettung am Straßenrand dauert, umso mehr setzt das Denken ein. Im schweren Schnaufen erhebt sich eine Art philosophische Stimme.

Auf dem Rad gibt es zwei Zustände, in denen diese Stimme ihre Wirkung am stärksten entfaltet. Die Stimme wird laut, wenn es gemächlich, aber weit dahingeht, wenn man sich Kilometer um Kilometer leerfährt. Sie beginnt aber erstaunlicherweise schier zu schreien, wenn die Kräfte schon ins Wanken kommen, wenn man sich an der Grenze zum Aufgeben, zum Scheitern bewegt. Doch weil einen das Fahrrad in den Moment zwingt, weil es unbedingte Aufmerksamkeit fordert, verlischt die Stimme. Nächste Ausfahrt: Gedankenleere.

Was bleibt in diesem Nichts des Verstummens? Man tritt weiter in Schmerz und Zweifel. Das Fahrrad erweist sich dann als schaudervoll abstoßend und anziehend nützlich zugleich. Atmen. Treten. Atmen. Treten. Für James Hibbard, den ehemaligen Radprofi, der sich zum Philosophen wandelte, ist Nietzsche eine Schlüsselfigur, vielleicht sogar der Paradephilosoph fürs Radfahren. Nietzsche zeige das Scheitern des Intellekts, also auch das Verstummen der Gedanken, besser auf als jeder andere, sagt Hibbard. Ganz so, als kenne der große deutsche Philosoph des Nichts die Marter steiler Anstiege, und als wisse er auch um die Magie der physischen Entäußerung im Flachen.

Warum wohin?

Doch manchmal hebt man den Kopf über dem Lenker, sieht, wie der Vorderreifen die Spur hält. Der Blick geht über Wiesen und in den Wald, Felsen ziehen vorbei oder Häuser, Gewerbegebiete oder Maisfelder. Auf dem Fahrrad bleibt, auch wo es kein Ziel gibt, das reine Tun, die bloße Bewegung schön und erfüllend. In diesem Zwiespalt, im Unerklärlichen, vielleicht Nutzlosen, verbirgt sich bei der Bewegung auf dem Fahrrad ein Rätsel. Mit jeder langen Ausfahrt stellt sich das Rätsel neu. Warum müsste jener, der alles zu wissen glaubt und schon überall hin geradelt wäre, denn noch weiterleben? Welchen Zweck hat eine Existenz auf dem Rad ohne den Gedanken an das »Warum wohin«?

So lehrt das Fahrrad auch, dass Über-Intellektualisierung durchaus zu einem unglücklichen Leben führen kann. Ewiges Denken statt dauerndem Treten kann nicht die Lösung sein. Genügt es denn nicht, mit wenig zufrieden zu sein und zu wissen, dass man nichts weiß? Doch die Stimme verstummt nicht, die sagt, dass das Einfache, das Essen, das Trinken, das Kaufen, selbst das Radfahren nur oberflächlicher Mist bleiben, wenn man gar keinen Gedanken daran verschwenden will.

Eine Begegnung zwischen dem Fahrrad und der Philosophie des Existenzialismus passiert dann zwangsläufig. Dazu muss man nicht wissen, dass Jean-Paul Sartre sich mit Simone de Beauvoir gerne in den Sattel geschwungen hat. Die Idee der Selbsterschaffung und der Gedanke, dass hinter der Oberfläche des Alltags unter der billigen Fassade der Dinge überall Bedeutung lauert, drängen sich in Begleitung eines Rades schnell auf. Die Haltung, dass man durch das Treten von Pedalen seinen eigenen Sinn erzeugt, anstatt einen institutionell vorgegebenen Sinn bloß für sich zu adaptieren, war nicht allein für die Gegenkultur der 1950er- und 1960er-Jahre sehr attraktiv. Damals wurden Albert Camus und Jean-Paul Sartre zu Heiligen einer neuen, selbst gemachten Sicht auf die Welt. Zur selben Zeit begannen in Kalifornien sehr viele Leute, Rennrad zu fahren. Ein paar Jahre später, in den bunten, wilden Nachwehen dieser 1960er-Gesellschaftsrevolten wurden – wieder in Kalifornien – erste Samen für das Mountainbiken und auch für das Freeclimbing gelegt. Beide Bewegungen sind in ihren Anfängen freigeistige Varianten traditioneller Sportarten, des Radfahrens und des Bergsteigens, die sich in den Jahrzehnten zuvor kaum verändert hatten.

Wenn Sartre in seinen Texten die Hierarchie zwischen Gedankenwelt und materieller Welt umdreht, wird das Fahrrad als Ding in jeder seiner Erscheinungsformen bedeutsam. Denn es wird zu einem Vehikel, das neue Räume öffnet. Jede Ausfahrt erlebt bei einer solchen Betrachtung eine sinnliche Aufladung. Die Lektüre von Camus und Sartre versetzt einen leicht in einen Zustand, in dem sich das Fahrrad als bestes Mittel zur Entäußerung von Geist und Ding, das dann der Körper wäre, deuten lässt. Die Bewegung auf dem Rad wird den Pedaleuren gleichsam zum Felsbrocken des Sisyphos. Jenes Sisyphos, von dem Camus schreibt, man müsse ihn sich als glücklichen Menschen vorstellen.

Qual und Erlösung, Defekt und Reparatur werden zu sich gegenseitig bedingenden Gegensätzen. Der Felsbrocken ist Sisyphos' Sache. Kaputte Speichen, eine gerissene Kette, der Mont Ventoux, der Großglockner, womöglich ein Steinchen, das den Patschen verursacht hat, ein gebrochenes Schlüsselbein machen mich zum Sisyphos. Wirklich? Camus und

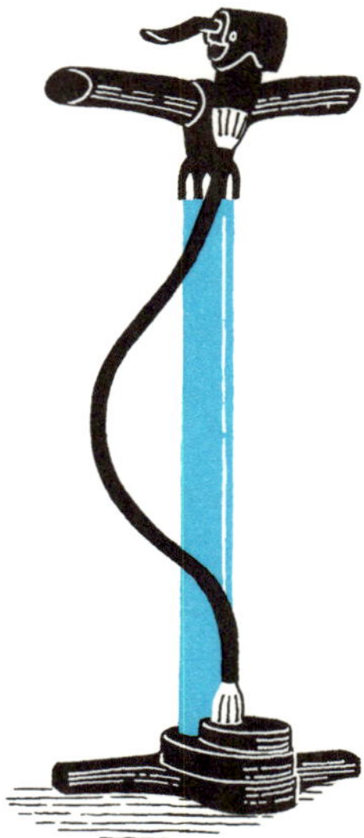

Sartre? Jetzt, hier am Straßenrand, während ich ausharre, ohne mich rühren zu können, und warte, hoffentlich nicht auf Godot, der niemals kommt? Samuel Becketts Godot hat der Legende nach übrigens seinen Namen von einem französischen Radrennfahrer. In seinem Roman »Molloy« schrieb Radfahrer Beckett außerdem: »Wie beruhigend ist es, von Fahrrädern zu sprechen.«

Selbstbetrug

Die Beruhigung nach dem Sturz ist erzwungen von Schmerzen, die den Adrenalinspiegel langsam absinken lassen und Teile des Körpers unbeweglich machen. Im Pulsieren der Verletzungen bleibt nur ein Davondenken. Die Playlist spielt jetzt Johnny Cash. Sein Song »The Man Comes Around« ist eine karge, biblische Endzeitbeschwörung. Ich kann immer noch nicht wirklich tief ein- und ausatmen. In recht kurzen Abständen schnappe ich nach ein bisschen Luft. Die Sorgen beginnen. Was ist hin? Was muss repariert werden? Ich schaffe es vielleicht doch noch selbst bis ins Tal, überlege ich. Vielleicht reicht ja für die paar Kilometer hinunter der Adrenalinrest doch noch, bevor der Schmerz mich ganz unbeweglich macht. Absurd. Doch müsste der Mensch nicht genau das erkennen, die Absurdität seiner Lage? Mit dem Rad abgekommen von einer Straße, die man nur fuhr, um sie zu fahren? In so einer Situation müsste sich der Mensch nach Camus als ein freies Wesen annehmen.

Bei Camus liegt die Lösung des Daseins in einem aktiven, auf sich allein gestellten Menschen, der unabhängig ein Bewusstsein neuer Möglichkeiten entwickelt. Dann werde er sein Schicksal überwinden, weil er widerspricht, weil er sich auflehnt. Mir fehlt die Kraft, mich auch nur ein kleines bisschen aufzustützen, um genau zu sehen, wo das Rad liegt. Aus der Trikotasche jagt ein Nirvana-Song. »I'm worse at what I do best«, verzweifelt der Sänger an aussichtslosen Umständen. Am Ende des Songs schreit er verzweifelt ein

paarmal »A denial, a denial«. Selbst wenn nichts mehr geht, sind die Möglichkeiten verlockend, die ein nicht ganz zerstörtes Fahrrad bietet. Bloß nicht zu lange vom Rad fernbleiben. Einfach weitermachen – oder daran denken, wie es weitergehen könnte.

Seine Identität ein Leben lang mit etwas zu verknüpfen, das man seit seinen frühen Tagen als Kind und Jugendlicher immer gemacht habe, sei »in gewissem Sinne tragisch«, sagt James Hibbard. Er sagt es allerdings über Radprofis. Im Gegensatz zu denen haben Freizeitfahrer – egal, ob bei einem halbwegs sportlichen Ausflug oder bei der Fahrt zum Wochenmarkt oder in die Arbeit – einen Vorteil. Sie müssen sich der oberflächlichen Welt des Kommerzes im Leistungssport nicht opfern. Sie bewegen sich, auch wenn sie sich hinsichtlich ihrer Fähigkeiten anlügen, in einer anderen, wahreren Welt.

In dieser wahreren Welt aber droht ihnen die Sucht. Sie machen sich die Hände schmutzig beim Schrauben. Sie frieren im Winterwind. Sie keuchen unter der Last der Einkäufe. Sie rutschen durch den Regen. Sie schwitzen sich ins Freibad oder an den See. Sie kleben im Wald Patschen. Sie schieben ihr Rad mit gerissener Kette zum nächsten Bahnhof. Und doch begegnet ihnen das unverblümt Gute in all dem, weil sie all dies nur für sich selbst tun, für kein Geld, für keinen Ruhm.

Doch auch unter denen, die ihre Räder nicht als Firmenfahrzeug im Auftrag des Siegenwollens bei einem Rennen bewegen, gibt es Opfer auf dem Altar der Oberflächlichkeit. Unter dieser Oberflächlichkeit gedeiht dann ein seltsamer Hobbyehrgeiz. Technische Möglichkeiten werden ausgereizt, um Grenzen neu zu definieren. Medizinische

Möglichkeiten werden missbraucht, um Grenzen zu überschreiten. Was es gibt, wird eingesetzt, um vermeintlich besser zu werden. Das gilt längst auch für viele sogenannte Hobbyradelnde. Sie stürzen sich dann in sogenannte Jedermann- und Jederfrau-Wettbewerbe. Hochrüsten bis zur Lächerlichkeit, das gibt es auch auf dem niedrigen Niveau der Freizeit- oder Nutzradler.

Schöne neue Welt

Jene Typen, und man darf die rasant steigende Zahl der Typinnen nicht vergessen, die viele Tausende Euro für die neuesten Räder hinlegen, gibt es noch nicht lange. Das gilt bei einfachen Stadträdern ebenso wie bei Rennmaschinen. Auf den Gehsteigen vor Kindergärten wird der Platz eng, weil schicke Lastenräder gerade im Trend sind. Für eine neue Generation fungiert das Fahrrad auch als sichtbarer Nachweis, dass man sich des desaströsen ökologischen Zustandes des Planeten bewusst ist. Auf dem Rad, diesem ressourcenschonenden Fahrzeug, fühlt man sich dann so, als täte man das Richtige. Mit dem E-Bike ist seit ein paar Jahren eine nächste Evolutionsstufe erreicht: elektrifiziert, automatisiert, vernetzt. Das widerspricht allerdings klar der Grunddefinition: Ein Fahrrad kann nur etwas genannt werden, das von der eigenen Kraft seiner Benutzer bewegt wird.

Das Fahrrad war jedenfalls niemals bloß eine Freiheitsmaschine für das Selbst. Es wiederholt sich seit den 2010er-Jahren eine Mode, die es schon im ersten großen Rad-Boom Ende des 19. Jahrhunderts gab. Damals brach man auf zwei Rädern in die Moderne auf. Heute geht es in die Zukunft einer komplexen und komplizierten Welt. Überhaupt dreht die Radgeschichte immer wieder die gleichen Schleifen.

Kids lernen mit schicken Laufrädern, die Balance zu halten. Nicht anders funktionierte das Urfahrrad, das von Drais gebaut hatte. Klappräder? Die gab es schon im Ersten Weltkrieg. Edoardo Bianchi hatte sie für die italienische Armee entwickelt. Und neuerdings tut eine mächtige Industrie so, als wäre das E-Bike eine Erfindung, die das Radfahren revolutioniert. In Wirklichkeit aber nimmt sie nur wirklichen Radlern den Platz weg. Diese »Erfindung« fußt auf einem Gerät, das Pierre Michaux und Louis-Guillaume Perreaux schon 1869 gebaut hatten. Sie montierten am Rahmen des Fahrrads eine kleine Dampfmaschine, deren Kessel mit Spiritus beheizt wurde.

Angesichts des Klimawandels wird das Rad neuerlich zum Statussymbol. Auf den Gepäckträger werden – von der Rettung des Planeten und der eigenen Gesundheit, von der Schaffung lebenswerter Innenstädte bis zum Traumurlaub auf einem transeuropäischen Radweg – mächtige Aufgaben gepackt. »Ich trete, also bin ich gut«, ist der zeitgeistige philosophische Grundsatz der Zweirad-Welt. Das Rad bietet auch Auswege aus digitaler Umklammerung. Es symbolisiert die Rückkehr zu etwas, das auf dem Markt der Nachhaltigkeit als wahr und echt angepriesen wird: Käsemanufakturen,

Brotbacken in der eigenen Küche, Gin-Brennen, Craft-Bier – oder eben eine Runde auf dem Rad. Derzeit wird das Fahrrad gepriesen, als müsste man seine soziale Verträglichkeit neu entdecken und damit soziales und ökologisches Gewissen beruhigen.

Auf das Messen und Vergleichen von Kilometerstand, Durchschnittsgeschwindigkeit und Wattzahlen wird dennoch nicht verzichtet. Zu einfach sind die Daten mittlerweile zu erfassen und digital zu archivieren. Rad-Daten lassen sich per App weltweit analysieren und vergleichen. Unter den Sportlichen spielen sich Duelle an den entlegensten Flecken des Hinterlandes ab, dort, wo das Obst für den Gin und das Bio-Getreide fürs eigene Brotbacken wachsen. Queen oder King auf dem Anstieg zu irgendeinem Hügel wird man im Internet, wenn man schnell genug ist. Dazu muss man noch nicht einmal ins Freie mit dem Fahrrad, man kann seine Strecke im virtuellen Raum auf der Trainingsmaschine im Keller wählen. Einzige Wirklichkeit bleibt die Anstrengung. Auch Wettbewerbe wuchern da. Jedes neue Update verspricht in diesem Schaulaufen der High-Tech-Entwicklungsabteilungen ganz neue Erfahrungen. Gerade so, als könnte Schnelligkeit mit einem App-Abo erkauft werden.

Für jene, denen ihr Rad immer auch Diener einer Ausfahrt ohne Hintergedanken bleibt, gelten andere Maßstäbe. Es zählt nicht die sportliche Anstrengung und deren faktische Messbarkeit. Erstaunlich ist, dass diese Art der Radnutzung auch bei manchen Profis erkennbar ist. Dauersieger und Überehrgeizige sind beim Radfahren ohnehin von jeher verdächtig. Umso freundlicher werden am Straßenrand bei Rennen dann jene gefeiert, in denen man Gleichgesinnte

eines freudvollen Ausfahrens erkennt. Es fahren auch im Peloton Profis mit, denen das anzumerken ist. Einer von ihnen war in den vergangenen Jahren der Franzose Thibaut Pinot. Er versteckt seine Tränen nicht, wenn er in aussichtsreicher Position wegen einer Verletzung vom Rad steigen muss. Er trotzt den wirtschaftlichen Parametern seines Berufes, nach denen eine gelungene Leistung definiert wird, und lässt auch Instinkt und Impulsivität ihren Raum. Doch der Platz wird enger für solche Romantiker und Existenzialisten auf dem Sattel.

Freihändig in die Zukunft

Mein erstes, das blaue Rad, war ein KTM. Es war nicht neu und hatte keinen Namen. Übernommen von Bekannten wurde es. Gebraucht, aber eben auch zu gebrauchen. Ein paar Kratzer im Stahl, die auf vergangene, ungeklärte Abenteuer schließen ließen. Kratzer, die niemanden bremsen. Sie waren eher ein Beweis für die Widerstandsfähigkeit des Geräts. Da stellte sich schon im Vorstadtgarten die Weisheit ein, dass ein Fahrrad nur altern, aber nicht sterben muss.

Grace, bisher kratzerlos, wird auch mit Narben überleben, hoffe, ja weiß ich. So ein Unfall bleibt nicht spurenlos, ahne ich. In meiner Notfallanrufliste steht mein Bruder ganz oben. Selber anrufen geht nicht, das übernimmt der unbekannte Helfer am Straßenrand. Noch immer kann ich nicht selbst in die Trikottasche zum Smartphone greifen, aus dem mittlerweile Bruce Springsteen zu hören ist: »No Surrender«, diese Beschwörung ewiger Zugeneigtheit: »We swore blood brothers against the wind.«

Mein Bruder hat die Unsterblichkeit der Räder früher erkannt als ich. Ich bastelte immer nur, er schraubte als Radretter von Beginn an mit Achtsamkeit und Vorsicht und Ausdauer. Das Bruderwissen wuchs, so wie die gemeinsamen Kilometer und die Höhenmeter wuchsen, wie die Anstiege steiler und die Ausfahrten länger wurden. Es wuchsen das Arsenal an Werkzeug und die Kenntnisse über ideale Reinigungs- und Schmiermittel, über die besten Radgeschäfte, über die guten Online-Bike-Seiten zwischen den vielen schäbigen Abzockern. Das Material, das zur Verfügung stand, wuchs proportional zur Anzahl der Räder. Jedes Rad braucht eine eigene Behandlung und einen aufgeräumten Operationsraum.

Die Werkstatt ist ein Rettungs- und Rückzugsort. Es ist eine stille Beschäftigung, mit der an verletzter Liebe gearbeitet wird. Sie kann schnell repariert sein, es kann aber auch

lange dauern, bis ein seltsames Knirschen zum Verstummen gebracht werden kann. Knirschen, leichtes Klopfen, lästiges Schleifen sind schlechte Begleiter. Sie stören die Eleganz. Und ohne Eleganz verschwindet jene Feinheit, aus der auf dem Rad die Leichtigkeit entsteht. Beim Reparieren zieht mein Bruder Latexhandschuhe über. Im Krankenhaus werden das später auch die Ärzte tun, die mich zusammenflicken. Dünn sind diese Handschuhe. So bleibt man sauber und hat trotzdem das Gefühl in den Fingern für die kleinsten Schrauben, für die filigranen Speichen. Gefühl ist wichtig. Beim Reparieren regiert Genauigkeit. Für das Bergabbremsen gilt das Gleiche.

Nach dem blauen Rad kam ein rotes Puch-Clubman, das erste Rennrad. Aus heiligem Anlass stand es da. Firmung. Das Rad brachte mich durch die Teenager-Jahre und an einem Frühlingstag zu jener Liebe, die den ersten Kuss bekam.

In einem Dorf im Sauwald war sie daheim. Der Sauwald ist ein raues Revier im nördlichen Innviertel, wo es hinauf und hinunter geht. Das granitene Hügelmassiv trotzt jeder leichten Eroberung. Es straft die Leichtfertigen, die meinen, ein Wald sei eine sanfte Angelegenheit. Es sind harte Stiche, kurze, schmerzende Rampen. Es sind langgezogene Auffahrten. Hinunter in Bachtäler. Hinaus aus Bachtälern. Es war ein einsamer Weg zur Zweisamkeit.

Das Ertragen der Einsamkeit gehört zu den Tugenden auf dem Fahrrad. Das mag erstaunen. Radler sind auf Ausfahrten oft gemeinsam zu sehen. Und steile Anstiege schmerzen in der Gemeinschaft eines solidarischen Schindens erstaunlicherweise weniger, obwohl bei gemeinsamer Ausfahrt die Bereitschaft höher ist, die Dosis der Anstrengung zu erhöhen. Wer will auf dem Rad schon zurückfallen nach den ersten Tritten?

Wer das Gleichgewicht gefunden hat für eine erste Fahrt, löst zum ersten Mal das Band zu seinen Vorfahren. Jeder spürt in diesem Moment, bei der allerersten Ausfahrt, den Aufbruch in eine noch ungeahnte Zukunft. Das Rad ist das Fahrzeug, das uns eine neue Welt öffnet, der wir entgegenfahren können. Um das zu ahnen, waren in der Vorstadt keine Mobilitätsexperten nötig. Dazu reichte es, die Hausübungen für die Schule flott erledigt zu haben. Die Zukunft endete jeden Tag erst mit dem Sonnenuntergang. Wir spürten, wie wir vorankamen. Wir spürten es vom ersten Mal an, als wir das Gleichgewicht halten konnten und die Geschwindigkeit sich steigerte, mit der uns die Zukunft entgegenkam.

Je schneller man wird, desto einfacher wird die Bewegung. Das ist das Wundersame. Andere Geräte geraten außer Kontrolle, wenn es schnell wird. Das Fahrrad wird mit zunehmender Geschwindigkeit stabiler. Die Physik kann dieses Phänomen berechnen. Beim Geradeausfahren gibt es da kein Rätsel. Interessant wird es, wenn Kräfte wirken, die einen üblicherweise aus der Balance bringen, wenn Kipp- und Lenkmomente das Verhältnis stören. Mit Formeln lässt sich berechnen, wie schmal die Grenze zwischen Abflug und Spurhalten ist. Zum Rechnen bleibt aber keine Zeit. Auf dem Rad regiert das rechte Gefühl für die Kipp- oder Lenkmomente. Einmal gespürt, verschwindet dieses Gefühl nie mehr. Es setzt sich fest. Das hat sich das menschliche Hirn gut ausgedacht, das funktioniert auch, wenn man die Physik dahinter nicht versteht. Es bleibt trotzdem mysteriös: Sicherheit trotz Erhöhung der Geschwindigkeit. Es ist wie beim Lesen. Man beginnt mit Buchstaben, dann formen sich Wörter. Und dann beginnt der Sog. Mit jedem Wort gewinnt man einen besseren Überblick, ahnt, wohin es einen führen wird. Aus Wörtern werden Sätze, aus Vorstadtrunden werden Tagesausflüge. Man beherrscht die Technik. Man kann sich dem Sog, mit dem es einen in die Zukunft frischer Gedanken reißt, nicht entziehen. Man zieht mit. Man lässt sich mitziehen. Und wenn dann noch einer da ist, der einem Windschatten gibt, löst sich die Welt in Freiheit auf.

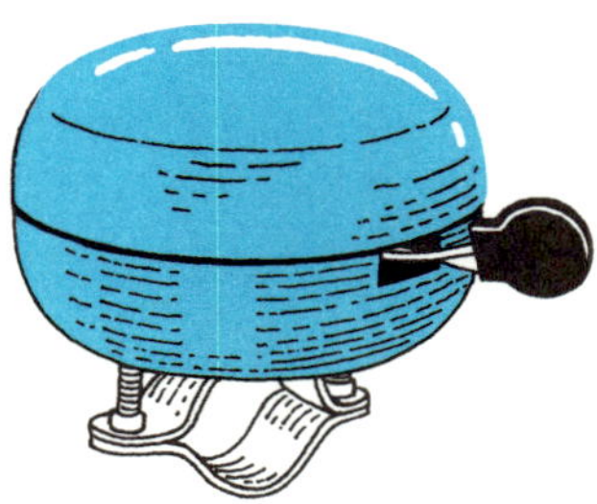

Heimkehr in den Aufbruch

Ein Hubschrauber schwebt heran und landet. Ich werde auf eine Trage gehievt und in den Rettungsflieger verfrachtet. Das Rad fliegt mit. Auf dem Parkplatz des Krankenhauses wird es mein Bruder in Empfang nehmen und in die Werkstatt bringen. Der Patschen ist schneller geflickt als ich. Es dauert lange, bis ich Grace endlich in der Werkstatt abholen kann.

Jetzt wartet Grace zu Hause im Vorraum. Bei jedem Verlassen des Hauses zu einem Termin in der Reha-Klinik glänzt sie vergeblich und erinnert an große Taten. Der neue Aufbruch passiert zunächst in kleinen Schritten, dann mit sanften Pedalumdrehungen. Die Beine lassen sich bald leicht bewegen. Ungeduldig warten sie, wie ein eingesperrtes Tier, das wieder in den Auslauf will, als sehnten sie sich nach dem Klick, mit dem die Schuhe mit den Pedalen verbunden werden, um den Boden der Welt zu verlassen. Langsame Heimkehr in den Aufbruch. Sechs Monate Pause. Sechs Monate Therapie. Seit zwei Monaten steht Grace schon neben all den anderen, ebenfalls glänzend frisch geputzten Rädern. Zähe Monate des Ringens nach Luft, während die Rippen heilen mussten. Monate, in denen Entfernungen nur in den Millimetern gemessen wurden, die sich die Finger mehr und mehr wieder zu einer Faust falten ließen, um den Lenker festzuhalten. Finger, die dann doch auch schnell genug sein müssen, um diesen Griff flink zu lösen, falls bergab gebremst werden müsste.

Bei der langsamen Heimkehr taucht immer wieder die Band Kraftwerk in der Playlist auf. Kraftwerk sind nicht nur Pioniere der Elektromusik, sondern auch Radfahrer, sie begleiten mich schon lange. Sie wissen genau, wie sich ein

Song über das Schinden anhören muss. Auf ihrem Album »Tour de France« stöhnen und schnaufen sie. Langsam wird die Heimkehr zu einem Tanz, einem Tanz von Mensch und Maschine, einem Tanz um Bewegung und Freiheit auf dem Rad. Auf dem Rad könne man sich ungebunden, ja fast autonom fühlen, sagte Kraftwerk-Gründer Ralf Hütter einmal.

Kilometer. Kilometer. Kilometer. Jedes Mal ein paar mehr. Allmählich wird es leichter. Lässigkeit stellt sich ein in der Bewegung. Die Leichtigkeit im Hirn kehrt zurück, wenn der Schmerz sich als Begleiter vorsichtig zurückzieht, wenn über das Maß der Qual endlich wieder ich selbst bestimme.

Die Strecken für die Rückkehr sind keine Abenteuerrouten, sondern alte Bekannte. Stadtrunden. Besorgungsfahrten. Brav, konsequent werde ich eine gleichbleibende Kadenz treten, nehme ich mir vor. »Elektro Kardiogramm« heißt eine Komposition von Kraftwerk. Sie beginnt mit Herzschlägen. »Minimum-maximum, beats per minute«, lautet die einzige Textzeile. Jeder Widerstand verschwindet. Kreiselnde Beine in mittelschwerem Gang. Die ersten tausend Kilometer gleichmäßig fahren. Ein Freund im Krankenhaus hatte mir diesen Ratschlag gegeben. Sie hätten das so gemacht damals, als er für ein italienisches Amateurteam fuhr.

Grace befreit mich von den Sorgen, von der Langweile, vom Liebesentzug. Im Hirn beginnt das Rechnen. Wie weit wird es in diesem Jahr gehen? Wie viel Anstrengung noch, bis alles wieder leichter wird? Bis Mariä Himmelfahrt sind es noch sechs Monate, 700 Kilometer pro Monat ergeben 4200 Kilometer, gut ein Zehntel einer Weltumrundung. Nach der ersten längeren Ausfahrt fehlen dann noch 4136 Kilometer. Bis Mariä Himmelfahrt dauert es aber noch lange genug, um sich dann wieder in eine Abfahrt stürzen zu wollen.

Das Handgelenk sticht nicht mehr. Die Rippen drücken nicht mehr. Das Schlüsselbein sitzt wieder richtig. Die Hand schwillt nicht mehr an. Die Speichen sind ausgetauscht. Die Schläuche sind neu. Die Reifen sind frisch aufgezogen. Die Lenkbänder sind gleichmäßig geklebt. Die Bremsen sind millimetergenau justiert. Die Gänge lassen sich geschmeidig schalten. Grace glänzt, wird wieder zur Einheit mit mir. Wir fahren an bekannte Orte, die sich immer neu anfühlen, und bald bewegen wir uns wieder mühelos in die Fremde, in die Zukunft.

BROOKLYN
BROO

BERNHARD FLIEHER geboren in Schärding/Innviertel, schreibt seit 1992 als Kulturredakteur der »Salzburger Nachrichten«. Wenn er nicht über Literatur oder Popmusik schreibt, radelt er – am liebsten mit Renngeschossen, aber auch mit feschen, alten Schönheiten aus Stahl oder stadttauglichen Drahteseln. Und wenn er absteigt, schreibt er auch in Reportagen und Kolumnen über das Leben als Radfahrer.

Bibliografische Information der Deutschen Nationalbibliothek
Die Deutsche Nationalbibliothek verzeichnet diese Publikation in der Deutschen Nationalbibliografie; detaillierte bibliografische Daten sind im Internet über http://dnb.dnb.de abrufbar.

www.residenzverlag.com

Umschlaggestaltung, Illustrationen, Layout und Satz: Hanna Zeckau
Gesamtherstellung: Graspo CZ Printing House

ISBN 978-3-7017-3608-9